What is Architecture?
and 100 Other Questions

Rasmus Waern & Gert Wingärdh

著作权合同登记图字：01-2015-6464号

图书在版编目（CIP）数据

什么是建筑？以及100个相关问题／（瑞典）拉斯穆斯·韦恩著；陈姻译.
北京：中国建筑工业出版社，2016.10
　ISBN 978-7-112-15523-1

　Ⅰ.①什…　Ⅱ.①拉…②陈…　Ⅲ.①建筑艺术－问题解答
Ⅳ.①TU-80

　中国版本图书馆CIP数据核字（2016）第159601号

Text © 2015 Rasmus Waern and Gert Wingardh.

Originally published in Swedish as Vad ar arkitektur
Translation © 2016 China Architecture and Building Press
This book was designed, produced and published in 2014 by Laurence King Publishing Ltd.,
London by arrangement with Bokforlaget Langenskiold
www.langenskiolds.se
This translation is published by arrangement with Laurence King Publishing Ltd.for sale/
distribution in The Mainland (part) of the People's Republic of China (excluding the
territories of Hong Kong SAR, Macau SAR and Taiwan Province)

本书由英国Laurence King出版社授权翻译出版

责任编辑：程素荣　　责任校对：王宇枢　张　颖

Architecture Dramatic 丛书
什么是建筑？
以及 100 个相关问题
[瑞典] 拉斯穆斯·韦恩　耶特·温高　著
陈　姻　译

＊
中国建筑工业出版社出版、发行（北京西郊百万庄）
各地新华书店、建筑书店经销
北京嘉泰利德公司制版
北京中科印刷有限公司印刷
＊
开本：787×1092毫米　1/32　印张：6³/₄　字数：152千字
2016年10月第一版　2016年10月第一次印刷
定价：38.00元
ISBN 978-7-112-15523-1
　　　（27801）

Architecture Dramatic 丛书

什么是建筑?

以及100个相关问题

[瑞典] 拉斯穆斯·韦恩　耶特·温高　著

陈　姻　译

中国建筑工业出版社

本书中的大部分内容以前都曾被提及过。如阿道夫·路斯等建筑师曾明确地表达了艺术和建筑之间的区别，其表达之简洁至今无人能及。贡纳尔·阿斯普隆德也曾理性地评论了受时空影响的建筑风格，布鲁诺·陶特对建筑的色彩，雅克-弗朗索瓦·布隆代尔对建筑的特点，也都表达过自己的观点。在本书中，我们进一步拓展了古老的建筑智慧，将其用到当代的建筑之中，并提出了一些新的理念——换言之，这其实也就是建筑的过程。

自古以来，甚至于更早，建筑师就试图解释建筑的本质。与艺术的其他形式相比，人们往往希望建筑能表达自我。如果建筑价格昂贵，我们就有必要了解清楚钱花在了什么地方。除了具备基本的功能和舒适性外，建筑亦能从多方面增加客户的商业价值，例如：提升形象、吸引公众目光或者创造收入等，然而其谜一般的本质远远超越了这些好处。那么建筑的本质是什么呢？关于这个问题，我们有101种不同的答案。

我们的一些答案似乎自相矛盾，但这也是合理的。凡去过一座城市见过许多建筑的人都知道，同一个问题可能有许多不同的正确答案。建筑这个主题既如此风趣又如此严肃，所以我们毫不奇怪我们谈论的建筑和有关建筑的答案会涉及所有领域。如果本书能帮助读者像欣赏一种奇妙（并且带有感情）的游戏一样欣赏建筑，那将是我们非常高兴的事情——给我们写信并且让我们知道。如果你对建筑有问题无法解答，欢迎给我们发邮件，我们会设法回答。

摄影师格里·约翰松对一些问题也给出了自己的答案，多年来他一直通过摄影记录世界上人类建筑以及它们的踪迹。他从他的相册里选择了一些照片，这些照片让我们的某些答案更加具有说服力。观察是所有建筑工作的基础，学会观察纷繁复杂的事物是建筑师训练的基本要求，而费时的绘画训练对建筑师而言仍然十分重要。因为要携带大尺寸胶卷和体形庞大的摄影机，格里的工作进展较慢，但很少有人能像他那样透过镜头敏锐地观察世界。

本书也是多方合作的结果，我们讨论交流，拉斯穆斯负责撰稿，耶特负责修订。现代建筑实践的核心就是抛弃一些想法，而通过辩论的方式形成最好的东西就是一种文化。

拉斯穆斯．韦恩和耶特·温高

瑞典斯德哥尔摩和哥德堡

目录

1

Why is the world most beautiful at twilight?

1.为什么世界在黄昏时最美?

简答：那是因为井然有序的短暂白昼即将被广袤神秘的黑夜所取代。

详答：技术上的局限可以造就美：如隔热效果不佳的窗户玻璃上产生的霜花、潮湿的混凝土面上生长茂盛的海藻以及空荡荡的大房子墙缝泄漏的一束光亮。常常是因为潮湿这一建筑艺术的大敌造成了建筑上的问题，然而，潮湿带来的腐烂也让建筑世界拥有了人类的气息。一座花园只有经过大自然的熏陶才会美丽，一栋住宅只有经过时光洗礼才会可爱。生活中，建筑能够帮助我们成长——从童年时期只是清楚建筑物的分类，到青少年时期对建筑物的挑剔，直至最后形成对生活中神秘建筑世界的感知能力。黎明和黄昏的美丽难以言表，但是极易被摧毁，因为你只需要开启电灯。

2

Thresholds: wouldn't it be nice to get rid of them?

2.门槛：如果摆脱门槛会好一些吗?

简答：也许好。但是如果没有门槛的话，我们感觉不到变化了。

详答：毫无疑问门槛有很深的寓意。它既是房间内外的分界线，也是在任何情况下两种不同状态之间的隔离物。靠坐轮椅四处活动的人对于这两种状态的差异感受最深刻。社会正在努力降低分隔我们和限制我们选择的门槛，但是为了残疾人而拆除所有的门槛是一件伟大的事情。然而跨越门槛，尤其是高的门槛也有许多重要意义。假如我们选择消除由门槛所代表的所有障碍，那么我们也失去了从门槛的一面跨向另一面所带来的成就感。

3

How long will modernity be dressed in glass?

3. 用玻璃来装饰现代化会持续多久？

简答：在你声称看不见玻璃的时候。

详答：从哥特时代起，玻璃因其不可见性而获得极高赞誉。玻璃幕墙经常被描述成具有开放性、透明性以及可参与性。但现实生活中却不是这样，事实上，尽管如同别的建筑一样可通过触摸感知而且只能通过触摸感知，但玻璃建筑如同一道无法逾越的障碍不能让人随意进出，我们过去常常依靠窗棂固定玻璃，窗棂跨过窗口，形成一面墙的主体。如果一面墙只有玻璃，它必须是不仅仅只是我们看不见的某种东西。

4

When does architecture become sensual?

4. 什么时候建筑变得世俗了?

简答：在建筑能打动你，尤其是在不知不觉之中打动你的时候。

详答：隐藏的东西总是诱人的——并且常常使人感到愉悦。当墙和门营造了隐藏和开放这两种不同的韵律时候，建筑的魅力难以抗拒，这和风格没有任何关系。一个放眼望去什么也看不到的阁楼和房间一样具有强大的诱惑力。一面一览无余的玻璃幕墙会让对建筑里面感兴趣的人印象深刻。但是，它和透过墙缝一眼瞥到建筑里面给人带来的兴奋无法比拟。开放和隐藏相互交错是建筑的核心本质。

5

Can't we design buildings to look like they used to?

5. 为什么我们不能像从前那样设计建筑?

简答：我们肯定能。但是每件事物总是带有时代的烙印。

德国波茨坦

详答：坚持我们认为有用的东西是一种好的策略。许多老建筑和老城市发挥着极好的作用，因此以别的建筑去取代它们通常是愚蠢的，而且现代社会不是非要现代建筑不可。在许多情况下，在翻新过的老建筑里过现代生活是很容易的。从我的亲身经历来说，建造像老建筑和老城市的新建筑和新城市所面临的问题本身不是模仿——我们已经学会了处理比这大得多的谎言，但老城市的魅力没有它看起来的大。一旦我们学会真正理解老建筑和老城市后，我们才能以其他形式展现它们的魅力。建筑是源泉，规划是机遇。

6

Do buildings really have memories?

6. 建筑真的有记忆吗？

简答：建筑是记忆的存储器。

详答：历史性标志物是凝聚人类共同记忆的遗留物。当我们遇到过去人类生活过的建筑，回忆就会从曾经他们倚靠过多年的墙中涌出。建筑经历的事件远远超出个人的记忆，一座或多或少保存完好并且有特色建筑所经历的事件更多。损坏一座建筑物如同损坏一个阅历数据库，会造成精神上的压力和情绪上的变化无常。即使当它们需要被拆除的时候，我们必须意识到建筑物所拥有的远不止是它们的物质空间。

7

What makes cities so fascinating?

7. 什么让城市如此迷人？

简答：城市的构造真的太复杂。

日本东京

详答：城市是人类创造的最为复杂的东西，最为关键的是城市还形成了一个街区与另一个街区、一座城市与另一个城市的不同生活方式。人类的行为方式和城市提供生活条件的方法造就了这样的不同。让人类生活幸福的最重要因素就是获取认同感，若建筑、街道、公园和广场满足我们的需求获取认同感，那么我们通常能够接受它的拥挤、嘈杂、低效，甚至丑陋。风景美丽的城市固然好，但是让伦敦和东京成为世界最有魅力的城市之一的并不是它们的田园风光。

8

Doesn't technology determine everything?

8. 科技决定一切吗？

简答：不是的，技术只是掩盖所有事物看起来相同时我们所失去的一切。

详答：为了跨过越来越大的建筑物开口，罗马人研发了石拱，它的跨度远远超出了单跨石过梁。一千多年以后，法兰西大教堂建造者们发现尖拱结构更漂亮，这种拱形结构就是技术。如今如果有必要，我们也可把技术看成是一种决定性因素。然而由于建筑结构的多样性，若一种技术不合适，我们通常可以选择另外一种不同的技术。通过技术方法获得其外形的建筑风格常被称为高科技，但是与纳米技术或粒子加速技术相比，它还十分低级。建筑还是一种工艺，并且需要熟练掌握操作它的各种方法。

9

What caused the crisis in architecture?

9. 什么引起了建筑界的灾难?

简答：当没有人相信建筑有用时，建筑难以建造。

详答：有一阵子，现代建筑被认为是我们生活中必不可少的罪恶之物。它是我们为了获得高质量的现代生活而不得不付出的代价，包括：周末休假、康复医院及办公楼下停车场。对此，我们很容易认同。但在审美情趣上很难像这样达成共识。既然每个人都有自己的审美观，那么最明智的做法就是对此不予理睬。技术建筑刚开始很难，因为没人相信它们有用。然而这种令人无法接受的糟糕状况很快让人付出了高昂的代价。对美的新建筑构成形成统一的意见，但很难决定我们到底需要什么建筑——特别是在我们深思熟虑之前。

10

Is there some kind of universal formula?

10. 放诸四海的公式存在吗?

简答：有时候有。但是现在没有。

详答：当代建筑不同寻常之处在于对什么是正确和什么是错误没有标准答案。一方面，这种自由的方式非常吸引人——或者说至少应该是这样。但另一方面，由于评价标杆的不断改变，对当代建筑做出评价十分困难。人们在理解、设计、解释或建造时无论如何不能出错，不同寻常的建筑需要不同寻常的技能，在每个人都了解规则的年代，如古典主义时期，建造就如同让每个人用统一节拍行走一样容易。在建筑学校，学生们学习建造美丽建筑的规则，这意味着拥有学习技巧就能建造好的建筑。因为对众所周知的建筑主题有各种各样的建造办法，因此按照建筑师的意愿建造几乎不存在困难。实际上，这种准则的消失并不意味着不会再有。总之，不能低估已持续存在了2000年的建筑理念的力量。

11

Do architects have to think of everything?

11. 建筑师要考虑所有的问题吗?

简答：是的。这才是真正的建筑。

详答：每个人在生活中都扮演着各自不同的角色，建筑师则需要考虑到建筑图纸上的每一条线。只有了解技术和艺术，以及人类的行为，才能创造真正有用的建筑物和空间。世界上许多最著名的建筑物都充满缺点，但是这些缺点并没有让它们成为失败的建筑。流水别墅——这栋位于美国宾夕法尼亚州，1935年由弗兰克·劳埃德·赖特设计的世界著名建筑，在它还是新房时就有50处漏水，随后因为自身的重力几乎坍塌。许多建筑的问题随后都能得到解决，是因为其无与伦比的建筑艺术让房屋的修缮物有所值，赖特倾其所能的流水别墅正是如此。然而，与技术问题不同，艺术上的缺陷很少能随后被纠正的。

12

How long should buildings last?

12. 建筑可以持续多久?

简答：越长越好。

蒙古乌兰巴托

详答：不管你愿不愿意，一座建筑在使用不久以后就开始变形。刚开始，会把一些原材料置入其内，建筑的内部或多或少要承受这种做法。许多建筑要有人在内生活过以后才让人知道。对于公共建筑来说，随后的变化发生在建筑内的家具等陈设开始被替换时，这不是改善之处。与其说建筑能持续多久，或许我们应该谈论建筑的半衰期。像放射性材料一样，建筑也会很快出现质量问题。公共建筑的内部半衰期最短，仅仅十年后，或许只有一半的原先的环境存在。而除了结构框架，窗户、门、地板和其他一切东西存在的时间稍长——可能是 30 年。而且 60 年以后，或许有一半的建筑将不复存在。但是即使当建筑消失或者被其他建筑所取代，旧的城市规划还在。这种规划可能持续几百年，甚至几千年。

13

Buildings frame our lives. But can life ever be predictable?

13. 建筑设计了我们的生活。但生活可以预测吗？

　　简答：只能暂时预测，如果将来有事情发生，就无法预测。

详答：生活在改变，建筑同时也在改变。对建筑的修缮和扩建会破坏建筑的艺术完整性，但是变化是生活不可避免的一部分。建筑像人一样有尊严地经历世事沧桑，有两种办法能应对建筑变化的到来。一种是在建筑内部留下足够大的空间以及通用的平面图。这样的话，即使重组建筑，也不会对建筑有太大的影响。例如 17 和 18 世纪的宫殿就采用了这种办法，并且这种办法已被证实是可行的。另外一种就是使用灵活的施工方法。比如，墙可以在一个超高的顶棚底下移动。总之，时代久远的建筑要么就是随着生活的变化而变化，要么就是具有让生活虔诚地顺从它们意愿的独特的美。

14

Someone took my idea. Should I be upset?

14. 有人偷了我的想法，我应该伤心吗?

简答：不应该，即使是好的想法。

美国雷丁

详答：有那么多的艺术、伦理和法律方面的知识需要建筑师（或任何有创造力的从业者）去学习和拼贴。然而，了解别人在做什么如同知道这些知识一样重要，因为其他人的想法可能让你自己的设计项目更好。建筑的发展通常不是通过发明，而是通过发现。再利用旧的解决方案是更新建筑的一种方式。对你周围世界的普遍认识也是一种识别你需要避免易犯错误的方法。更敏锐的意识能让我们在任何时候、任何地方都会有所发现。但是我们没有理由去发明一种与比过去相比没有任何改进的建筑。

15

Are natural materials better than imitations?

15. 天然材料比仿制品好吗?

简答：是的，这就是为什么它们要被仿制。

详答：直接取自大自然的材料——如木材、石头、黏土、水、冰与一些或多或少经过复杂的转变过程得到的如混凝土、钢材、铝、玻璃、纸、塑料相比，具有不同的特性。我们无法估计这些自然物质的特性和使用寿命。即使我们是因为它们被发现具有的优点而使用它们，它们至少具有材料真实性。在一个充满投机的世界，真实性具有不可抗拒的美。真材实料可以是昂贵的，但在某种程度上，它们是不可避免的。不一定的是每个地方总要，但是某个地方一定总是要用到。

16

Does history have a future?

16. 历史有未来吗?

简答：历史是我们了解一切事物的唯一。

详答：历史总是最新的，建筑师要了解过去有三种原因。首先，几乎所有的新建筑都建造在别的建筑已经存在的地方。如果我们无法理解那些已有建筑的形状和式样，我们就会犯一些昂贵的错误。第二，一座建筑拥有与它的时代相关的诗情画意。这种诗情画意容易看到，但是难以创造。只有历史才是真正能带领我们穿越这难以捉摸空间扑捉诗情画意的唯一之物。第三，建筑历史因为能够回答我们什么是建筑的问题显得尤为重要。精通历史让建筑师自信，并且自信是建造的好的基础，实际上，也是唯一的基础。

17

Can architecture
be mass-produced?

17. 建筑可以批量生产吗？

简答：可以。但是省下了钱，建筑却失去了多样性。

瑞典埃马布达

详答：在 20 世纪 20 年代末期，沃尔沃公司生产了它的第一辆汽车，预制装配式房屋公司也建造了它的第一栋房子。那个时期，它们的价格基本相同。今天，一栋新的预制装配式房屋的价格是一辆最便宜的沃尔沃汽车的 10 倍。实际上，我们不可能让房屋的建造和汽车的制造处于同一工业化的进程，因为尽管汽车制造经常让汽车工业焦虑不安，但是总有政客支持。许多东西通过批量生产能够更好、更便宜，但是即使我们对于房屋快速建造的印象深刻，如果快速地大批量生产，我们也不会成功。但是，如果一辆旧的沃尔沃汽车不进入博物馆，我们周围可能再也见不到，而一座旧房子我们可能还能使用。

18

Is architecture necessary?

18. 建筑是必需的吗?

简答：不是。因为有些人总有能力，无论如何都能建造。

详答：尽管我们知道每一座城市像任何其他城市一样满是悲哀、争吵、贪婪和不诚实的人，但是它美丽、和谐的城市风光总是让人精神振奋。城市居民的不良品德不会减少我们欣赏绝妙的城市景象的快乐。同样，即使你在贫穷的环境中长大，但不能影响你成为一名杰出的人物。另外，就是设计的最好的建筑环境也不能保障生活的质量。相信这些是下决心建造的前提条件。如同温斯顿·丘吉尔所说的"我们塑造建筑，随后它们塑造我们"。幸运的是，这不一定总是正确。当我们奋力建造城市让它带上可怕的面具或者重建时，即使人们刚开始不使用建筑学，但是只要想获得机会出名，随后肯定会用到设计。

19

Does architecture develop?

19. 建筑是发展的吗?

简答：不是。但从另一方面讲，它从来不是静止不动的。

详答：艺术是不发展的，我们不能说后来的建筑一定比早期的建筑更好。另一方面，技术是发展的，这也就是建筑的条件在不断变化的原因。但是这些变化并不总是意味着建筑艺术的改进。建筑是建立在经验之上的，一名建筑师需要了解许多老建造的技巧和学会如何去使用它们应对环境改变。建筑工作就是不断地尝试着让每样东西都更好一些。但是建筑领域并不认为新建筑比老建筑更加精致。如果没有艺术的不断变化，建筑就会变得乏味。

20

How can
an architect
become famous?

20. 建筑师如何成名？

简答：名声是短暂的，目标却是永恒的。

详答：建筑物存在的时间——或者至少是它们的声誉——经常比它们的创造者的寿命要长。即使所有的建筑物都是许多人的劳动成果，它通常是建筑师最出名。除非业主把他的名字刻在建筑物的正面（这是常见的），否则就是体现到整个项目工作的代表是建筑师。这是因为建筑师的工作和业主、城市规划师或施工人员相比，更具有个性化，也正是这种个性化吸引着我们。好的建筑引起人们的注意，把成功的光芒投在建筑师身上，因为赞美造物主的创造。

21

Why do people look at buildings when they're traveling?

21. 人们为什么在旅游时看建筑?

简答：很明显，这是因为我们不能得到足够的精心雕琢的建筑和城市。

详答：喜欢建筑，特别是喜欢我们身边时间久远且富含美感并让周围的人愉悦的建筑很正常。因为想了解建筑里的生活舒适和快乐如何，我们许多人喜欢围着精心设计并且通常是保护得很好的建筑物散步。总之，艺术和建筑的通俗性无法相比。艺术提出问题，而建筑解答问题。艺术让人不舒服，而建筑让人舒服。

22

I read all the magazines and blogs.Is there anything I might have overlooked?

22. 我读了所有的杂志和博客，有没有什么我忽视了？

简答：或许还有亲身体验。

详答：建筑除了眼睛看到的以外还有更多的东西。视觉只是我们的一种感觉，但它是我们获取丰富多彩的生活印象的主要途径。让我们想一想一只手能带来的所有的美的感受吧。你不能看见用你的皮肤所感受的一切，但是建筑能让人感知。地窖如果没有黑暗中散发着泥土气味等我们开门才能散发出去的冰冷的空气，还叫地窖吗？丰富多彩的建筑能让人感觉到、闻到和听到它的到来。一个大教堂看起来很壮观，但是如果它保持沉默，它会感觉像一个坟墓，它的围墙和屋顶一样能让音乐在高空中飘扬。

23

Does it have to
be expensive?

23. 建筑必须是昂贵的吗?

简答 : 是的。因为生活本身就是财富。

详答：不管是个人还是国家，建造房屋总是非常昂贵的。即使建筑以最不可能的成本获取最大的利益的基本原则，成本对建筑来说是一个永恒的挑战。为了保证建筑质量要求使用紧缩原则，但紧缩与价值工程之间有区别。价值工程是关于利用各种机会或是关于被迫适应。这本身就是一门艺术，它只在规划过程中得到注意。在建筑完成之后，成本和节约成本就都被忘记了。相反，紧缩会让设计项目更加完善，让建筑的生命更加美丽。你永远不要在紧缩项目上吝啬。另一方面，吝啬会让人永远不满意。

24

Can you
own a view?

24. 你能拥有一个景色吗?

简答：不能，只能借助。

瑞典菲耶拉斯

详答：日本花园通常被认为是一种体验，只有在特殊情况下，建筑师才"借助景观"，而这在西方则是常见的做法。西方园林是面向外设计的，有一个美丽的风景感觉很好，特别令人赏心悦目的是能看到如海滨、山脉，以及咖啡座广场这样休闲的景观。但是隐藏一些景观激发人的好奇心，也给人带来特别的快乐。当勒·柯布西耶和萨尔瓦多·达利在巴黎为一个脾气古怪的百万富翁卡洛斯·德·贝斯特吉设计一个带屋顶的露台时，他们遮住了凯旋门一部分雄伟壮丽的景观，只让其中一部分被看到。总之，如果你足够自信，你就不会在意借助自然景观。

25

Is it important to get published?

25. 发表作品重要吗?

简答：对于建筑师来说这是一件大事，甚至比建筑重要。

详答：发表作品是让建筑师和建筑出名的唯一办法，出版物能给建筑师带来新的客户，它也可以提升建筑的价值以及使用寿命。这是屡见不鲜的。只要图片和文本有传播的可能性，展示和阅读建筑的需求就会存在。文艺复兴时期的插图让东西方相互影响，启蒙时期的书籍让远东的形象传遍欧洲。随着摄影的出现，插图成为需要建筑创作过程的焦点。只有传统建筑没有宣传也是精致的。建筑是建立在记忆和印象之上的。

26

Do books give you a sharper view?

26. 书籍能让你的思想更加敏锐吗？

简答：书籍提出一些事物并对它们进行解释，但是你还需要自己亲身经历。

详答：当作家奥古斯特·斯特林堡 1885 年访问罗马时，他在到达之前就知道该期待什么。他的旅行只是他在书中读到的重复，因为他早就从书上了解过这些历史遗迹。他对罗马观光旅游车司机说了这么一句简洁的话"罗马不是一天建成的，但是参观只需一天"。相比之下，当康斯坦丁皇帝来到罗马看到图拉真集会的公共场所时，站在无可比拟的建筑物上被惊得目瞪口呆。因为，康斯坦丁不像奥古斯特·斯特林堡那样在来罗马前就从书中了解过罗马，所见到的一切让他心醉神迷，而奥古斯特·斯特林堡去之前就已经了解过了。

27

What protects us from becoming blind to everyday wonders?

27. 是什么让我们每天都发现奇迹？

简答：想象。

详答：美无处不在，但在日常生活中我们只看到熟悉的琐事。这是多么的无趣啊！如果你和你的客人都十分喜爱一处景观，你们就会去了解所看到的建筑、街区、山脉和湖泊的姓名。尽管你的客人在此之前对此一点也不了解，他们也会被景色的变化、天空的色彩，也有可能是奇怪的小事所震撼。第一次旅游是很珍贵的，因为和以后再去的旅游相比，它在旅游时更吸引我们去了解更多的东西。从欧洲城市、沙漠到北欧人的风景，只有当你睁开双眼仔细观察时，你才会被各具特色的普通景观吸引。可以说几乎没有任何一座建筑每次都能让我们有新的景色欣赏，但是只要是有建筑的艺术，能让我们不断欣赏建筑新世界。

28

What do buildings sound like?

28. 建筑听起来像什么?

简答:好的建筑会让人感到安静。

详答：混凝土框架能让风钻的冲击声一直渗透到你的骨头里去，一个木制盒子能让琴弦的颤抖声音在空中飘，在音乐厅演奏的音调通过大厅会更美，石拱顶让唱诗班的声音最洪亮，一个空房间发出空荡荡的回声让人满是忧伤。当一个家裸露的时候，同样失去了它的私人声音。质量也有更为客观的基调，因为关车门时车门发出的声音能表明车底座的质量，牢固的房间当我们对它说话时对我们的出现发出让我们安慰的结实声音。好的建筑从来不发出含糊不清的声音。

29

Are all churches
architecture?

29. 所有的教堂都是建筑吗?

简答：不是——但是主要是教堂是人们渴望的避难所而首先成为建筑。

瑞典西哥得兰省

详答：当第一批教堂出现的时候，也就是至今还在不断要求人们对它进行新的解释的建筑艺术开始的时候。其他的建筑都没有教堂这样的影响力，但教堂的建造功能非常简单——主要是用礼拜堂进行演讲。礼拜堂的建造技术要求能表达一些上帝的意愿。实际上，礼拜场所在同类建筑中比其他许多建筑都要建造得更为精致、保存得更加完好。在现代，一个引人瞩目的事实是在斯堪的纳维亚（半岛）世俗的教堂比世界其他地方的教堂对建筑的影响更大，所有这些建造都承载着光、声音、空间和运动的理念。一些教堂在此方面的建造取得了非凡的成功。

30

Why do architects want to paint the world white?

30. 为什么建筑师喜欢将世界涂成白色?

简答：因为容易。

详答：雪白的墙能提升空间，但是把什么都涂成白色是一种懒惰的做法，因为使用颜色需要付出更多。然而，把白色和现代化联系在一起有一部分原因是因为误解，因为在国际设计杂志中现代早期建筑比建筑物本身显得更加简洁是在黑白图片中出现的。现代化是由一些用颜色去感知世界的建筑师带来的，每种颜色都影响里面的空间和人。光线暗淡的房间应该使用稍深的颜色，采光好的房间要用明亮的色彩。遵循大自然的规律而不是与它对着干是好做事原则。但是正如格劳乔·马克思所说"那些是我做事的原则，假如你不喜欢这些原则，……嗯，我还有其他的"。

31

Can a rich architecture be affordable?

31. 能够买得起豪华建筑吗?

简答：当然可以。豪华建筑是综合的，而贫困建筑是复杂的。

详答：财富不一定能创造出豪华建筑。对当代社会复杂事物的自然反应就是让其简单化，对环境的理解要求我们即使不是从深度上、至少也要在表面上简单地解决问题。然而，充满感性矛盾的综合建筑似乎是用丰富的思想而非一大笔钱创造出来的。

32

What is the worst thing about architecture today?

32. 今天建筑物中最糟糕的事情是什么?

简答：顶棚。

详答：顶棚已经从建造房屋时重点建造之物变成了机械设备处理之物。在世界最伟大的建造空间里，我们曾经总是对它崇拜地仰望。以前见到的奇妙的拱形顶棚、著名的桁架结构或者独特的装饰处理，今天，我们通常看到了吸声面砖、管道系统和荧光灯照明。因为随着技术时代的到来，我们放弃了将顶棚作为画布的创作，现在要重新创作会艰难。当你为一个空的白色表面争辩时，你很难与所有机械装备竞争。但是设计一个引人注目的视觉空间使顶棚独具特色的想法甚至是最实用的、并让人陶醉的想法。坚持这样做的好理由是：因为我们很少像对待其他空间一样重新布置和装饰顶棚，在我们的头顶上创造一切能存在很长时间的装饰。

33

What is the best thing about architecture today?

33. 今天建筑中最好的东西是什么？

简答：考虑周全的建筑。

详答：建筑与大自然有着暧昧关系。一方面，它们是敌人，建筑必须把大自然的破坏力拒之门外。另一方面，它们是恋人。因为大自然具有无穷无尽的力量，只有在极少情况下，建筑才能牢固地减轻、抵挡大自然的威力，例如建造在岩石上用石柱围合成的希腊庙宇和俯瞰山水并带有宽阔阳台和宣纸墙的传统日本住宅。这种原始的房屋室内气温不舒适并无法控制。现在的技术让我们与大自然关系亲密，居住舒适。建造适用并完全承受大自然威力的智能型建筑是我们建筑结构时代的巨大进步。

34

How is a beautiful façade composed?

34. 如何让房子的外立面变美?

简答:只建一扇窗户。

详答：外立面拥有多种造型和多种色彩给人的感觉一定是凌乱的，如果没有这么多的造型和色彩其实是很迷人的。房子的正面如果只是用一种材料建造，它的风格一定简朴；尤其是当材料非常好的时候，房子经常更加漂亮。真实的世界处在两种极端之中，无序和极简派风格都让人乏味。假如你寻求的是简朴而不是繁多，创造美的机会更多。然而，减少一些东西使比例更加完美。比例感需要付出努力和对自我苛求。

35

What is
the point of
regulations?

35. 为什么要制定规章制度?

简答 : 因为可以阻止最差的建筑。

详答：另一方面，也可以阻止最好的建筑——例如，不允许个人在海岸上建造美丽的建筑。即使沿海岸线有一两栋精心设计的房屋是非常好的，但大多数建筑肯定会是灾难性的。因为不可能制定只允许少数人建造而不允许其他人建筑的法律，因此我们说，任何人都不允许。我们的规章制度阻止在自然保护区内建造，而且也阻止激烈的城市转型，但他们也会阻止一切进入创建传统城市的东西。所有的项目的质量是能够控制的，感性的建筑除外。虽然每个人都讨厌规章制度，但我们不能没有它们。但我们可以梦想没有这些规章，因为艺术是不受制度制约的。

36

Is architecture the spice of life or its sustenance?

36. 建筑是生活的必需品还是调味品?

简答:灵魂也有可能因为饥饿死亡。

详答：哪里有建筑（architecture），哪里就有建筑艺术（Architecture）。以英文小写字母开头的architecture（建筑）是指建造各种各样的建筑并使它们完善，特别是指住宅设计项目的设计的完善，而不是创造一种新式样的建筑。综合起来看，建筑或多或少如同日常生活中给我们提供营养之物。我们希望在许多公共建筑中找到Architecture（建筑艺术）。建筑艺术如同精心制作的菜肴给人不同的感觉。我们需要区分建筑和建筑艺术，前者创造我们的生活环境，后者给予我们成为社会生活的中心人文环境。这两者都很重要。

37

Is higher density always a good thing?

37.高密度永远是一件好事吗?

简答：当然不是。然而，城市生活是丰富多彩的。

瑞典哈斯克瓦纳

详答：人类适应不同环境的能力无法比拟。在我们创造的所有不同的环境中，城市似乎最适合我们。我们周围密集拥挤的人群考验着我们的神经并且因此引发我们的冲突。但是住在城市的利总是大于挤在一起的这种弊，这就是为什么我们继续挤在一起同时让我们的建筑越来越密集的原因。但是充满活力的城市街道完全是另外一番景象，这主要靠在外面的人的数量，而不是里面的——建筑物里面的人的数量。

38

Art always wants to do the opposite. Is it the same with architecture?

38. 艺术总是要求人们做违背常规之事。建筑艺术也如此吗?

简答：不是的，建筑艺术不是二选一（不是在违背或不违背常规之间选择一个），它是两者皆可（违背或不违背常规皆可）。

详答：事实上，稀有之物之所以被认为是独特之物只是因为人类固有的虚荣心。当人们普遍都在室外工作时，白皙的皮肤是理想的肤色。反之，则不然。如果港口和海洋成为工作的场所，城里人不会喜欢去滨海一带。当水能给人带来休闲和快乐的时候，城里人的态度很快发生改变，他们则喜欢去海边。随着工业化的发展，大自然已不是我们日常生活的一部分，景色浪漫的公园对我们来说成了新的完美之物。尽管我们能确定为什么过去是重要的东西以后不重要了的一些原因，但是没有一种原因像这种原因一样有说服力——我们需要弥补生活给我们带来的无法避免的缺陷。

39

Should architects build on the best place on the site?

39. 建筑师应该把房子建在场地的最佳位置吗？

简答：不需要，只要建在它边上就可以。

瑞典布罗兰达

详答：地点是建筑师建造的基础并不是说景观是唯一要考虑的因素。建筑不能仅仅考虑占用的空间，还要考虑诸如树下的地理环境等其他许多因素。这就是在设计前不要去现场的原因。不去现场能让你对现场的分析更加全面，因为建造的地点永远都在改变，设计总是面临新的挑战。太阳、风和地表永远都在变化。在设计时全方位考虑到建造的地点和所有其他一切之前，通过这些永远都在改变的事实使我们对它们的变化能有深入的了解。

40

Who was the first architect?

40. 谁是第一个建筑师？

简答：无论如何不是印和阗。

详答：印和阗是公元前 27 世纪埃及无所不知的、多才多艺的天才。他设计了第一个金字塔并且竟然被奉为神。虽然他在建筑史上的地位难以磨灭，但是在他之前当然已出现过建筑师。现在我们想象一下给人这种高级动物建造的遮风避雨隐蔽物最早出现在地面上的景象，在一个以前没人注意、与别的地方毫无区别，随时都有可能发生任何事情的地方突然出现了一种有型之物。这些遮蔽物使它们前面和后面都可以形成一个人类活动的中心。当石头在地面上把它们围起来的时候，这个地方就是人类最初设计的地方。

41

How are the conditions for architecture where I live?

41. 我生活的建筑的环境如何?

简答: 很好! 乐观是生活的必需品。

详答：一个国家或一个地区建筑的质量是以以下四点作为基础的。第一，集体的自信，如果建筑师、委托人和建造者不自信，建筑难以动工建造。第二，经济状况很好。在较少的时间内赚大笔的钱这样的暴富有百害而无一利，但是稳定的局势为未来的建设提供了基础。第三，设计注重设计本身而不是金钱。第四，个人的天赋。如果没有安东尼·高迪，一百年前巴塞罗那不可能成为奇迹。不管什么时候什么地方，建筑的奇迹必须拥有这四项基本条件，但是如果没有满足其中一项条件，建筑还是有可能被载入史册的。

42

Is it strange that we long to get away sometimes?

42. 我们有时候渴望离开建筑是不是很奇怪?

简答：不奇怪。所有的建筑就是因为渴望才建造的。

详答：渴望的感觉比拥有更加强烈。自古以来，渴望生活在别的地方、在别的时代让我们创造了人类最有灵感的生存环境。意大利、土耳其或中国的建筑在人们脑海中形成的印象比实际见到建筑的印象更加让人神往。对去希腊的渴望远比对其他国家的渴望更加强烈。罗马人就渴望去希腊，瑞士建筑设计师勒·柯布西耶也渴望去希腊。对 19 世纪被称为"希腊迷"的苏格兰建筑师亚力山大·托马斯而言，对希腊的渴望实际上是他永远没有实现的梦想。西方文化是建立在对世外桃源的向往上。

43

Must we demolish beautiful buildings and scenic vistas in order to urbanize?

43. 我们为了实现城市化就要毁掉美丽的建筑和风景吗?

简答:不需要,我们为什么要这样呢?建筑是给人类带来荣耀的城市化标志。

详答：城市化改变了许多人的生存环境，同时也让人类付出艰辛取得的美丽事物没有留下痕迹。生活水平的提高使人们注意到建筑环境的不足。对建筑水准更高要求以及需求的增大造成了一些问题——这些问题劳民伤财。建筑师因为与城市开发商合作被公众认为是有罪的。但是实际上作为专家，他们是在建筑质量不能保证时最先对质量进行鉴别的，并且也希望获得机会建造质量更好的建筑。是保留旧的城市还是建造新的城市这个问题让每一个建筑师感到烦恼，同时也让找不到前进方向的城市感到迷茫。但是，这种状况将不可避免地继续下去。总之，新生事物应该带来更多利益永远是合理要求。

44

A swimming pool lined with fake fur? Sounds terrible, doesn't it?

44. 游泳池底安装了人造毛皮？这听起来很可怕，是不是？

简答：不一定。

详答：想象一下海草吧！它很美，但因为永远不可能完全知道里面到底是什么让人不舒服，这就是大自然的本性。但是，在建筑物里很难找到此类之物。一些不按常规思维的人因为受到海草柔软性和流动性的启发，认为在海草这种看起来丑陋的物体下拥有美需要去发掘，因此安装诸如此类的人造之物。建造环境很难简单地分为好与坏，半成品建筑的钢骨架、采石场的锯齿状的坑以及外表看起来粗糙质朴的砖墙都给人留下了直接和深刻的印象。但是，一栋犹如自信的人一样的建筑远比一栋犹如卖弄风骚的美人一样的建筑更加可靠。

45

What is the cleverest way to save money?

45. 最聪明的省钱办法是什么？

简答：让它变小。

详答：建筑是昂贵的。大的建筑是非常昂贵的，较小的建筑相对来说不太贵。即使是我们最节俭的人通过投机取巧节省下的钱也没有建造太大房子浪费得多。建造最花钱的地方，比如地下水位以下的空间，通常看不见。而最明显的地方，如完成了的表面，却只占总成本的最少一部分。有效地使用建筑空间是我们花钱最值、最环保的做法。这就是为什么建筑物留给我们的巨大空间让我们觉得是最美妙、最宏伟和最慷慨的。

46

Why is there so much prestige attached to an opera house?

46. 为什么歌剧院会有如此高的威望？

简答：因为去歌剧院不只看演出，而且还参观建筑。

详答：18 世纪建成的柏林歌剧院是第一个在城市中心起着重要作用的自负盈亏的剧院，而在此之前的宫廷剧院通常靠近宫殿和城市街区，莎士比亚环球剧场这类自负盈亏的剧院一般都在郊区。柏林歌剧院这样择院址表明剧院脱离普鲁士法庭赢得了更多的自主权利。因为观众是普通大众，所以第一次被称为"公众"（"the public"）绝非偶然。所有这些都表明剧院在西方城市起着重要的作用。因此，拥有复杂的艺术风格并以最完美的形式展现公众生活的建筑很快在其他国家的首都成为文化标志。

47

What is stone?

47. 石头是什么?

简答：石头就是永恒。

详答：石头更多地作为一种标志，而不是一种建筑材料。这就是为什么过去欧洲城市中心建造建筑通常参照用真正是真的石头建造的建筑物的原因。石头建筑是宏伟建筑建造传统留给我们的遗产。从用木头作为主要建筑的材料的时代开始，石头建筑就成为了建筑的丰碑。19世纪欧洲的建造者模仿石头建筑给他们匆匆建立的房子增加可靠性。石头是一种充满矛盾的物质，一方面厚重牢固，另一方面用作广泛使用的瓷砖时又很薄。岩石既是最基本的物质也是最奢侈的物质。一些天然石头耐用，而另外一些脆弱。工匠们通过石头展现耐心细致的工艺。今天我们还认同19世纪对石头的看法。

48

Why are ruins so beautiful?

48. 为什么遗址会那么美？

简答：因为它们充满着浪漫主义色彩。

详答：浪漫的本质是能激发人的强烈感情，这种感觉超出了廉价商店出售的小说所描写的。建筑，特别是月光下的废墟让人感觉特别庄重肃穆。废墟展现的是建筑的遗留物：它的建造的主要参数。每一面墙见证着集体的劳动，因为每个人都能看到废墟永远无法重建，它的倒塌让我们更加清楚人类艰巨努力获取之物存在的短暂。如果一座保存完好的建筑能激发我们想要永恒这种徒劳的幻想，废墟就是现实生活的真实写照。我们所喜爱的一切终有一天会离去——人、建筑、城市和树。所以，你会遗憾而离去。

49

What is architecture?

49. 什么是建筑?

简答：就是建立自己的形象。

详答：在不断发生变化的现实中，建筑留存了下来。你、你的工作、你的城市，以及你的国家通过建筑创造的形象可能比你本人留存久远。建筑是我们作为人类留给世界最重要的遗产。老建筑在我们到来之前就已存在，新建筑在我们离开以后会留存久远。建筑是我们一切事物的自拍，并且拥有无法更新的地位。

50
What does urban mean?

50. "城市"的意义是什么?

简答:对这个问题没有简单的答案,复杂性总是给简单的工作带来痛苦。

详答：人口稠密是城市的明显特征，并且是我们人类群体性的表现。但是这并不是完整的城市生活的真正写照。一座城市的活力是由许多因素在起作用，其中邻近比稠密度更重要。如果在设计街区时我们仅仅考虑人口稠密度，那么对市区的拥挤和郊区的荒凉就会考虑得最少。建筑的风格对城市生活没有影响，但是其他一些因素会有影响，如街道连通性、行人入口、地下商业空间和动人心弦的特色，但对于这类事物为什么难以建好是另外一个要谈论的问题了。

51

Why is it so hard to make good cities?

51. 为什么建造好城市会那么难?

简答：建造好城市所需要的一切恰恰是建造好城市的不利因素。

详答：我们所有好的规章制度经常让一座城市生活变差。许多人曾经试图改变这种状况，但是收效甚微。如出发点良好的与减少噪声、安全性能、空气质量、日光和停车相关的所有措施不可能让城市生活适宜。现代房地产经济学造成的经济萧条的城市令人难以接受。例如，尽管每个人都赞同高等教育机构建在城市中心有利于建造一座伟大的城市，但是当这些地区变得如此有吸引力，而租金已经无法承受时，这些高校机构通常就被赶走了。即使作为整体的一座城市是繁荣的，它的每一个地区不可能都是繁荣的。

52

What is the point of architectural competitions?

52. 建筑竞赛的重要性是什么?

简答:区分概念与创作。

详答：所有参加比赛的建筑都有其自身的特点。比赛中释放的创造力让选手勇敢地、大胆地构思以其他方式无法完成的建筑。因为现代建筑与建筑竞赛紧密联系，就像现代社会与竞争本身相连一样。事实上，大多数参与竞赛的工作是没有必要的，这是民主进程中固有的，这只是让我们知道，许多可供选择的方案我们可以拒绝。政党、宣传机构以及建筑公司总是想办法拥有永远不用付酬金和永远不要使用的战略选择。另一方面，极权国家可以得到刚性结构的认可：它是给人印象深刻的，但是可预见的，而通过竞赛产生的公众审查的作品则正好相反。

53

Is it okay to repeat yourself?

53. 重复自己好吗?

简答：一首好歌是因为好才被传唱。

详答：良好的办法应该反复使用。把阿尔瓦·阿尔托说过的话重复说就是：你不可能每个星期一都能创造一种新的生活方式。同时，一个新的解决方案比反复使用的办法更加能吸引人的注意。典型和独特的矛盾是城市发展的精髓。住宅建筑的式样变化都是围绕我们熟悉的主题——并且它们应该这样。它们不必有趣，但它们的质量必须完好。另一方面，公共建筑必须具有特色。应该具有什么特色呢？如同唱诗班中能让人听见的独具特色的声音。不管建筑师每次是重复自己的建筑还是创作新的建筑都不重要。无论如何，并不是说许多人都将看到不止一个他们的建筑。

54

The opportunities seem infinite.If an architect could highlight just one quality, what should it be?

54. 机会是无限的。如果建筑师只注重一种品质，它应该是什么？

简答：光线

详答：所有给人印象深刻的建筑都与自然光有关。建筑艺术要研究的中心问题是：自然光是如何洒落在物体的表面的、阴影如何形成的、自然光形成光线的方法是什么、自然光是一种物质还是一种能给人带来宽慰之物。这是每一种文化和每一个时代都了解的知识。自然光是免费的，在有意地利用光的设计中，光对建造庙宇、礼堂、家和宫殿起到了巨大的作用。光通过斑点影叶、洞穴的幽暗或者一座微弱的光芒冰屋完全依靠自己在这些地方创造神奇。

55

Where does form come from?

55. 建筑形式从何而来?

简答 : 重力原则。

詳答：任何东西都往下落。建筑如何保持直立是一个技术问题，而它们如何展现它们本身的特点是一个美学问题。重力永远是建筑的基础，在以框架而不是墙体作为建筑施工的基础方面，西方比日本和波利尼西亚更加认同这一点。如今，全世界的建筑都是由一层又一层的壳体结构构成，并且每层都有其独特的功能。重力是不能给予建筑特点，它的特性必须靠设计。重力必须得到证实和面临轻或重，承受或被承受的挑战，这种挑战可以说是生或死的挑战。

56

What role does politics play?

56. 政治扮演什么样的角色?

简答：它建立了优先权。

详答：在如何应对人类的生存条件的描述时，尼古拉·马基雅维利（意大利作家）提出了至今与我们生活相关的三个关键词语：必要的、可能的和不可知的。从前，城市生活的必要条件是由国家授权的专家确立了的。如今，市政当局的权利更多的是用于应对出现的各种可能来获取这些必要条件，然而城市主要是由不可预知的、掌握着许多大的项目的人构建的。

57

Has architecture become international?

57. 建筑已成为国际化了吗?

简答：建筑一直是国际化的。

详答：全世界的人们希望建造独特的建筑时都参照国外的建筑。全球化通常被认为是进步，而区域化则与反现代和非主流相关。伟大的建筑常常根植于地方传统，比如佛罗伦萨文艺复兴时期的建筑或者更加现代的芝加哥建筑和格拉斯哥艺术学院。建筑的理念广泛流传，通过杂志、书籍、旅游、展览和竞赛，将建筑的理念与式样从一个地方传到另一个地方。国界不存在，重要的是气候、地形和社会。全球化之所以受到批评是因为影响力巨大，而不是因为无须考虑国籍选择的特权，但这两者有着千丝万缕的联系。

58

Does a place have a soul?

58. 一个地方有一个灵魂吗?

简答：不对，有几个灵魂。

瑞典诺尔松德

详答：大自然和环境因素让地方独具特色，这些地方默默地承载着地质的特点并且受到当地气候和人的影响。让人拥有戏剧性的出生和不同寻常的童年的地方塑造人的坚强的性格。在这样的地方，建筑是一件微妙的事。尽管建筑应该避免断言它具有的原动力，但是不得不承认它具有如同景观一样微妙的影响力。如果一个地方的特点越是难以捉摸，就越是想要弄清楚。一个地方的第一座建筑总是要创建一个参照物，它可以消除使这个地区具有特殊性的各种关联之物。通过与建筑的适当接触，当地的历史、气候和人类留下的各种痕迹都能展现出来。这改变了一个地方的灵魂并且让建筑成为了历史的一部分。

59

What is the world's most admired building?

59. 世界上哪栋建筑最让人羡慕？

简答：水晶宫

详答：1851 年伦敦世博会时建造的水晶宫由铸铁和玻璃构成。它在海德公园放置了一个夏天，随后在展览结束时被移往伦敦南部的锡德纳姆山丘，最终于1936 年被火烧毁。这座建筑具有神奇的影响，一段时间它代表实现现代化的梦想，因此在遥远的德国农庄的墙上悬挂着它的许多照片。这座建筑拥有 8000 平方米的大体量，足以容纳整个公园的树木。它完全改变了什么是建筑这个概念，以前建造的温室拥有相同的式样，但是这次它不是放置植物。这意味着人类越来越优秀了，建筑的内涵所发生的如此深刻的变化以前没有过，或许再也不会有。安息吧，水晶宫！

60

How small can a home be?

60. 最小的家有多大?

简答：就像一艘帆船。

瑞典穆斯库塞尔

详答：一艘小帆船经过精心设计可以做成一个很好的家，而且大还是那么辽阔。看着无边无际的地平线需要我们寻找一种平衡。另一方面，生活在紧凑、封闭的世界里对人也是一种惩罚。任何一栋房子自然限制人的自由，但是对此肯定有补偿的办法。因为周围是一望无际辽阔的大海，因此生活在小船里面无论在细节上、木工手艺上，还是材料上都有更多的需求，以弥补空间的不足。但是舒服性不仅仅意味着没有不舒服——这种由技术决定着舒服是要拥有大的活动空间。

61

How do architects win competitions?

61. 建筑师如何在竞争中取胜?

简答：比其他人更加能理解客户的需求。

详答：客户不知道他们需要什么样的建筑，如果他们知道就不需要建筑师了。建筑师为了在竞争中取胜要提出最佳方案并且需要比其他人更加深刻地了解客户内心深处的真正需求。建筑师需要一个能看懂并能说出设计方案特点的评判委员，一个被采纳的方案需要大力支持。许多建筑师都与客户的建筑无关，因为他们提交的设计方案在第一轮审查时就被淘汰了。提出的建筑方案没有被采用是给人很深伤害的，但是在建筑设计的竞争中对此你必须习惯。

62

What is a
good plan?

62. 什么是一个好的方案？

简答：最能让你轻而易举地获取最大便利的方案。

详答：好的方案是有效的，从一个房间到另外一个房间如此方便，它省去了一些不必要的麻烦。规划方案引领我们的行动通过空间进入建筑物内，这些动作几乎只发生在脚上。自从有了楼梯和门以来，电梯和轮椅给楼层平面规划体系带来了最大的变化。集中供暖使室内从烟囱中解放出来，电力让窗户的用途从获取光源变成了欣赏美景。只有当我们的行为发生变化时，建筑和城市才开始采取完全新的形式。电梯、公交车和汽车从根本上打破了什么是好的方案的古老神话。我们新的行为方式仍在寻求合适的建筑式样。

63

Is there something special about marble?

63. 大理石有特殊之处吗?

简答：是的，因为艺术自由的时代，它的美名让人震惊。

瑞典斯科讷 - 法格胡尔特

详答：没有一种建筑材料可以和大理石相提并论。大理石的形象，而不是石头本身，让人把它和奢华与高贵联系在一起。直到工业时代大理石一直是大规模使用的最具实用价值的石材，虽然大理石很难用手工锯和抛光，但是还是可以手工做到的。在金刚钻机器出现以后，让人无法想象且难以切割的花岗石成为了大理石的竞争对手，但是大理石在此之前的几千年一直在建材市场占据主导位置。它很适宜铺设学校自助餐厅的地板，但这并没有影响它的声望。物质最重要的特性就是能给我们带来一些感觉。

64

Why is uncompromising architecture so good?

64. 为什么不妥协的建筑是好建筑?

简答:因为当所有的事物都在一起运作时,建筑才会美丽。

详答：建筑史上许多最令人向往的建筑是因为严格按照建筑标准才成为纪念性建筑。这些建筑包括巴黎的卢浮宫、罗马的圣彼得广场和哥本哈根的阿美琳堡宫。它们超越了日常建筑并且强调人类改变世界的权利。它们之所以能成为纪念性建筑，主要是因为他们不妥协的信心而非尺寸本身。总之，手法单一、色彩单调、相互连接和类型多样的建筑只要按照一定比例尺寸建造看起来都和谐。

65

Why is uncompromising architecture so bad?

65. 为什么不妥协的建筑如此糟糕？

简答：因为人是不同的。

详答：当我们在 20 世纪 60 年代建造的狭长空旷的盒子里搜寻人类的生活的踪迹时，标识牌、广告和铺面经常让我们满意。在那个创纪录的房屋生产年代，比例感屈服于审美重复。一致性可以是无与伦比的，但是它本身有一种不灵敏性。哥特时期的庙宇和古代严格按照数学比例仿造的建筑一样具有合理性，这种建造的多样性突出了个性，让单体建筑超越群体，更加醒目。因此，只要不超越限度，重复同样是伟大的。

66

What is the
point of details?

66.什么是细部节点?

简答:它们的存在。

瑞典斯德哥尔摩

详答：当尺度较小时，建筑的体验并不会减少。相反，在其细部内。我们用我们的肌肤感知建筑，而且在其细部，我们的身体与它亲密接触。今天的文明是一种形象的文化，但是建筑表达的方式超越了视觉。对门把手的感知不只是它的表面形式，还有弹簧闩、门的重量以及五金构件的精密度。无论这些细部是否批量生产，对建造的结果影响不大，因为现在的建筑构造在精密度和运送方面无法与制造业相比。为了避免从设计师变成项目经理，建筑师必须掌握细部设计。

67

What is the significance of tuberculosis?

67. 结核病的临床意义是什么?

简答：20 亿人感染，公共卫生的建筑出现。

详答：疾病和战争比其他任何东西更加能激发我们保护自己的愿望。结核病的难治带来了许多深刻的变化。在高处建造房屋是为了避免呼吸恶臭的空气。如果不是为了战胜结核病，光滑、卫生的建筑表面，常常是钢结构，绝不会取得审美的突破。老的建筑为了见到阳光和呼吸新鲜空气改变了高度，新建筑的建造——不只是这些引领潮流的疗养院，还有整个社区——都是为了让阳光和新鲜空气进来。或许除了战争以外，还没有任何别的事物能像结核病一样对建筑产生如此巨大的影响。

68

I like interiors that are bright and cheery. Who doesn't?

68. 我喜欢明亮并令人愉悦的室内环境，谁不喜欢？

  简答：这取决于你碰巧读到了这本书。

详答：当西格蒙德·弗洛伊德（奥地利精神分析学家）从维也纳到伦敦的时候，可以说原封不动地把他的整个办公室都带来了，连最后的细节都带来了。他认为没有理由改变正在工作的东西，也没有理由去刻意改变自己的生活，这样的改变如同流放将对他产生很大影响。弗洛伊德的办公室和那张著名的沙发是沉闷和灰暗的，其阴影可以保护房间免受外界的干扰，房间本身让斜躺在沙发上的灵魂有安全感并随时准备开门迎接人们进入门后的黑暗区。他的房间具有信奉阳光普照的功能主义时代一样的功能。或许阳光和新鲜空气能驱赶结核病，但是弗洛伊德相信黄昏能进入人的灵魂深处。光在黑暗中更加明亮。

69

What is noise?

69. 什么是噪声?

简答：它是一种评价。

详答：城市很少是安静的，一些人可能已认识到了这是个问题，但是街道两边有住宅楼的城市很难实现。因为随着交通流量的增长，保护房间至少是卧室免受噪声影响的呼声越来越高。对此最合理的做法就是用绿化带把房屋和街道隔离开，但是这让街道变成了与人隔绝的交通干道。这种做法解决了一个矛盾，但是又制造了诸如人失去和街道亲密接触机会的矛盾。从根本上来说，城市总有规则，它本身就是巨大的一个解决矛盾的机构。中世纪时代城市比现在要嘈杂得多，但是也只是在白天。晚上很安静，那是彻底的宁静。

70

What makes
old factories
so cool?

70. 什么使旧厂房变得那么酷?

简答:无需过分强求,它们就有这样的。

瑞典克韦努姆

详答：后工业时代的厂房都转向为文化服务，它空置的厂房吸引了音乐、演出剧场和举办展览。艺术可以在人们曾经艰苦体力劳动的超大、破烂的厂房里欢快地完成。并不是这些简洁的设计给了这些空间强烈的个性。工业生产需要奢侈的空间、强烈的光线和超量的热量，从而营造出了用坚固材料建造的比例恰当的空间，以及便于照明的狭长、优雅的窗户。早期的工业厂房比如像啤酒厂经常模仿城堡和要塞建造，但是很快就反过来了，房屋的建造开始模仿工厂带状窗户、平屋顶以及光滑的墙面。无论如何，厂房这种直截了当的建造风格不会改变。

71

Is architecture
natural?

71.建筑是自然的吗？

简答：不是，自然只能建造庇护所。

详答：至少在过去的 500 年，尊重自然是建筑师遵循的最重要的原则。大自然被看作是美的源泉、建筑的根基以及理想的模仿，同时它给予我们抛弃文化义务的自由。现在它作为一种生态系统，建筑要尽量减少对它造成的影响。随着现代主义的到来，自然开始成为建筑的对立面，现代主义的先驱认为他们应该支配自然的力量，比如重力。这不仅仅是因为这在技术上是可行的，而且建筑比自然重要，没有建筑就没有文明，人类也无法生存，这也正是设计不再考虑自然的合理之处。

72

Do buildings have character?

72. 建筑有个性吗?

简答：一些建筑从开始有，另一些随着时间的推移逐渐有，还有一些最终会有。

详答：建筑的个性是一个人们普遍谈论的对象，这也是本书一直谈到的问题。几个世纪以来建筑的个性一直是建筑游戏的一个部分，到18世纪可能最引人注目。18世纪出版了一本有38个建筑特点的综合小册子。这些建筑特点包括雄伟的、高贵的、豪放的、阳刚的、轻质的、精致的、质朴的、柔性的、神秘的、忧喜参半的和粗犷的。你或许会说这是一本手册，我们还需要许多词描绘建筑，因为依靠科学原理和现实所建造的建筑能很快展现它独特的个性，并且它的意义超出所有对它的主观评价。

73

Are words necessary? Isn't it enough just to design?

73. 语言重要吗？是不是只要设计就够了？

简答：一切事物从语言开始。

详答：与绘图相比，建筑师花更多的时间谈话、写作、倾听和阅读。建筑和城镇是通过相互理解（在某种程度上是误解）达成协议建成的。达成协议的过程是一个口头约定。一栋建筑的产生有建筑师的意愿，他们需要至少有一个非常有吸引力的愿景——他们也需要强有力的论据。单凭一张图纸是不可能赢得辩论的。规划是一个巨大的团队努力，绘图只是作为一种手迹记录下来。然而，让人足以惊奇的是建筑师的语言经常和品酒师的语言一样精准。

74

Does architecture have a moral?

74. 建筑有道德规范吗？

简答：形式从来就不是一个巧合，而永远都是通过深思熟虑形成的。

详答：对现代主义建筑师来说，没有什么比确保他们作品的真实性更重要了，他们既要确保他们真实的艺术信念、对技术基础工作的坦诚，坦率地与他们自己的工作时间一致。自从没有一个以上的真理以来，这些需求最终行不通。一个多维的建筑如何能避免至少在一个方面不出错呢？20世纪的道德主义者主张拆除，至少也是拆除19世纪艳丽的浮华，因为19世纪因为"真实"建造的建筑不是更加漂亮，而是更加单调乏味。也就是从那时起，我们具有了对奢侈的宽容，但这并不意味着道德准则的消失，只是我们的价值观改变了。每个时期都有自己的价值观。可持续性是我们这个时期的主要价值观。只有欺骗永远是不道德的。一个建筑师应该相信他们所做的一切。

75

What is simplicity?

75. 什么是简单?

简答：就是与繁琐相反。

Brålanda, Sweden

详答：20 世纪 90 年代，寻求独创性被称为"通常的不寻常"（the usual unusual）。创造这个词语的杂志想见到更多"不寻常的通常"——也就是一个建筑师如何用非凡的能量来改变普通的建筑，这很难。为了避免平庸，简单需要丰富多样的品种。为简单的生活提供一个最适宜的框架是每个时代的建筑师所面临的主要挑战，这就需要探求简单的标准化。但是现实问题绝大多数不会简单并且预先有解决的办法。

76

Is it possible to age gracefully?

76.建筑能优雅地变老吗？

简答：当然可以！一栋建筑应该照顾好自己的皱纹。

详答：建筑是一个蜉蝣还是一头大象？一个漂亮的昆虫拍动着精致、艳丽的翅膀仅在一个夏天，还是一头身上的皮肉像布满沟壑的大山、满是皱纹的笨重而步态优雅的庞然大物？蝴蝶的生命在繁殖以后就短暂地结束了，而拖着自己庞大身躯的大象却不同寻常的长寿。我们设计着我们巨大的建筑希望有一天它们像蝴蝶一样从蛹壳中羽化而出，在令人敬畏的世界面前张开它们光彩夺目的翅膀。有时候事物是如此发生的。像蝴蝶一样的建筑必须像蝴蝶一样一点点蜕变，终于有一天变成了蝴蝶，引人注目的，而帅呆了的大象的美则是随着年龄一点点增长。

77

Is it more important to follow the style of the place than the style of the time?

77. 追随地方风格比追随时代风格更重要吗?

简答：追随地方特色是我们时代的风格。

瑞典博伦厄

详答：周密细致地展现一个地方的特色总能吸引我们人类去了解我们周围的世界。那些能够成功地传达对一个地方——或任何地方的真实感觉的人肯定会有许多崇拜者。任何遵照过去的地理条件创作艺术的人肯定能找到观众。人们有可能在任何地方建造功能齐全的建筑，感觉在家里一样，比如机场，而一般建筑很难激起我们的热情。没有其他艺术形式能像建筑那样自然扎根在一个地方。

78

Rebellious music often has weight and power. Is there anything similar in architecture?

78. 叛逆的音乐经常节奏感强烈并让人震撼，建筑有什么相似之处吗？

简答：建筑的叛逆常见于纸上而非现实中，房地产业很少渴望叛逆。

详答：当然，设计让人尖叫的建筑也是可能的。如同其他艺术，也有一种建筑的建造动力来自于它发出的批评。它寻求变化，但是一旦完成变化，它就失去了让人震撼的力量。一百年前，新艺术具有这种反叛力量，它呼喊"没有表现力的建筑过时了，现在流行的是有个性的、传神的和激进的"。但是，一个建筑师仅有煽动性的批判不足以让建筑具有客观性和意义，他还要有专业知识和创造性。如果建筑仅被定义为反对其他东西，很快就会变得无聊。

79

Have computers changed architecture?

79. 计算机改变建筑了吗？

简答：令人吃惊的小。

详答：计算机对建筑有两个方面的影响。首先，它基本结束了用手制图和绘画的过程，但只是在几个方面实现了通过电脑全面地完成更加形象的设计，因为大多数工作还要靠手工描绘。第二，互联网给予了我们许多机会获取一个问题几种解决的办法。因为我们的职业要求我们了解许多知识，所以素描就找谷歌。因此，也就是这个改变了建筑。

80

Should buildings be visible from a distance?

80. 建筑应该从远处看吗?

简答:没有必要,就大部分建筑而言,室内更重要。

详答：一栋建筑是否应该从远处观看取决于环境。一栋建筑掩映在地毯式的草丛下最美丽、最吸引人，另外一种情况或许需要一个对天空的轮廓。除了这两种情况，但是没有哪栋建筑能够避免特写。一个原因是建筑的全球利益远看它是廉价的：工业化建造大的工程会更好。让近视的人感到愉快的感官细节更需要论证和实行。

81

Is there anything more important than energy?

81. 有什么比能源更加重要的吗?

简答：有，人的尊严。

瑞典哈尔姆斯塔德

详答：人对环境的影响无处不在。如果我们想要保护自然不受损害，我们就需要尽可能少的散居，让建筑和社区限制我们的生活对环境的影响。这是一种节俭的方法，但是如果不能让人过上适宜的生活，这种方法不会持续多久。节能已经成为建筑关注的主要问题。但是节能不能让建筑密不透风——对此我们很熟悉。我们面临的真正挑战就是在建造房屋时既能节约能源，又能让我们在较小的空间适宜地生活。这大概是一种艺术效果。

82

Is Dubai a city?

82. 迪拜是一座城市吗?

简答:不是,还没有。

详答：迪拜的塔楼直冲云霄好像要展现阿拉伯联合酋长国地壳下的石油财富似的，但建造这样的塔楼完全没有必要。然而在 2001 年 9 月 11 日以后，在美国不再受欢迎的富有的阿拉伯投资商大量地投资离家更近的更安全的房地产——和海滨地产。以前的房地产计划是朝向沙漠而不是朝向大海。大量的开发项目让这个小小的沙漠国家的沿海地区改变原来的面貌，城市如同注射了类固醇一样迅猛增长让人震惊。这创造了世界上最引人注目的天际线。如果你想在街道和购物中心寻找一个公共场所，只能在建筑业没注入激素之前建造的小镇的老城区找到。我们不清楚迪拜什么时候能停止这项城市迅猛增长的计划。

83

All of our
new residential
buildings look
like they've
been cloned.
Wouldn't a little
variation brighten
things up?

83. 我们所有的新住宅建筑看起来好像都是克隆的，稍作改变能否使它们增加一点亮色？

简答：是的，变化是改变平庸现状的一种有效方法。

详答：许多无聊的事物同时出现时看起来更加无聊。另一方面，美丽的事物不断出现时会更加美丽。住宅建筑总在复制建造，而许多设计产生的结果不是迷人的均匀性，而是令人心碎的单调。如果没有足够的金钱、愿望和知识去创造一个能经得起复制的高品质的建筑，变化或许是一种掩盖事实的廉价方式。让建筑改变是一个经济的办法。这种有条件的变化能展现真正的建筑大师的风采。

84

What is a room?

84. 什么是房间?

简答：有限的空间，但它很美。

详答：房间是很小的空间，因此可以说它的空间有限，也可以说无限。现代主义的理想就是让一个封闭的房间具有无限开放的空间。然而，这样或多或少总是要形成明显的界限，因为我们使用的"空间"这个概念是指房间内除了地板、墙和天花板以外的地方。现在有许多建筑师认同建筑最重要的任务就是创造空间，即使在城市也一样是创造空间。

85

How can strict be a compliment?

85. 为什么严格是一种赞美?

简答：有时候你不得不严肃。

详答：建筑必须是严格和明智的，就像自然一样。冷杉为了最佳使用树干，其分支具有严谨的一致性。但是，同时没有两棵冷杉是相像的。克隆这种优化形式是一种为了确保少数物种能够经受每年都要遇到的寒冷、干旱、风暴和寄生虫的侵袭而生存下来的风险管理策略。然而，克隆的松林是令人生厌和经不起狂风暴雨的，而大自然创造的多姿多彩是无止境的。设计的时候，你必须对自己严谨，而不是要求别的事物严谨。房屋建造具有一致性很好，有时这种一致性就是建筑的特性，但是建造不能遵照统一规则。严格和明智——这是我们要拥有的两种好品德。

86

Open
or closed
floor plan?

86. 开放的平面和封闭的平面布置，哪个更好？

简答：门和楼梯是建筑最伟大的两项发明。

详答：在一个开放的平面布局，房间确实可以相互借用空间。一个小家如果移除几面墙能让人感觉宽敞一些。但是如果在露天则正好相反。一份小的地产如果分成几份让人感觉大些。与室内的房间同等大小的每一份地产与室内的房间相比也都要显得大些，而且还更加有用。划归区域让我们使用它并照顾它。如果我们改变图纸，把房屋变成花园结果会怎样呢？它可能如同庞贝古城的房屋——房屋内部的庭院阳光普照，房间里灯光昏暗、人口密集。

87

Were modernism's missionaries mistaken?

87. 倡导现代主义是错误的吗?

简答：是的，但问题是今天我们不知道还有什么比现代主义更好。

详答：怀疑历史并自下结论是对历史的不公平。现代主义的传教士认为他们进行激进的改革有许多好的理由。当整个世界的秩序发生改变时，建筑潮流、艺术、建筑和城市规划不可能像什么也没发生一样继续。但是，当简单化经过几千年的发展成为建筑风格时，其结果是不令人满意的。内容越多，其结果越不能让人满意。生活不是简单的，而一个大尺度的简单建筑效果并不好。没有一种建筑形式能够上升到普遍规律。偶尔被消减的建筑可以为简单的问题提供简单的答案，但是城市永远不能少建。

88

What is parametric design?

88. 什么是参数化设计？

简答：当形式跟随数据时。

瑞典博伦厄

详答：帆船船体建造要参照许多变量，如长、宽、高、曲面形状、船尾和龙骨以及流体力学定律。每条肋骨的曲线都取决于这些变量。计算机具有处理复杂数据的超强能力，但是几个世纪以来，造船工人和石匠同样要用参数化设计，例如石匠为了使从采石场切割的一块石头的尺寸恰好符合遥远的炮塔的建造，这就既要求他能进行复杂的运算也要求他能够满足数据要求。现在计算机生成的模式给人印象深刻，但是设计空间艺术与计算没有多大关系。如果建筑师没有选择正确的参数，结果就非常罕见。建筑最基本的参数是人和建筑师的感觉。

89

Is the architect an authoritarian?

89. 建筑师是专制者吗？

简答：不是，不能混淆提出方案的责任和执行它的权利。

详答：20 世纪 70 年代，当许多人对权威观念失去信心时，建筑师的地位并没有发生根本的变化。随后，情况发生了改变。当如阿尔瓦·阿尔托这样的 20 世纪初出生的许多明星建筑师成为建筑行业的明星人物时，他们不是任何一位当权派人物突然被整个社会捧得高高在上。这违背了当时的现状，改变了建筑师的游戏规则，特别是政治家的规则。现在建筑师权威的丧失很快导致自信的丧失，对此我们没有什么可抱怨的，毕竟建筑师引领时代的日子一去不复返了。现在我们必须对建筑充满热情并鼓励所有人团结起来，只有建筑师拥有自信才能起到最大的作用。

90

Why all these changes? Can't architects just do it right from the start?

90. 为什么所有的建筑都发生变化了？建筑师不能从一开始就这样做吗？

简答：不能，因为设计的过程就是学习的过程。

详答：你必须时刻敢于改变你的想法，因为没有人从一开始就无所不知。素描只是知识的收集，随着设计的复杂性出现——或者说复杂性应该出现，教训也会随之而来。几乎每一个建设项目都会有许多冲突。有些冲突足以让项目最初的优势逐渐消失，但是大多数的矛盾冲突能检查项目的薄弱点，从而使项目建得更好。我不太确定，但我认为不确定性或许是创作过程的精髓。

91

Why build a model when we have computers?

91. 为什么我们要用电脑制作模型？

简答：因为这是一个更接近现实的小步骤。

瑞典博克斯霍尔姆

详答：建筑的发展是多维的，照片只能描述片段。一个模型可以让观察者了解大概。一个由纸板和木材制作的小模型可以让在同一地方的许多人一起检测，而用电脑生成的虚拟模型更适合于个人探索。无论如何，所有的模型——科技概念模型和实体结构模型——都具有传达某种现实知识的能力。因为从这些知识中获取的经验能让我们在现实中做出改进。也就是说，不管是虚拟的还是现实的，一个模型是永远不够的。因此，在你看到所有要看到的一切之前，你需要观看许多不同的模型。

92

Is five better than four?

92. 5 比 4 更好吗?

简答：是的，就大部分而言。

详答：数字在伟大的宗教中很神秘，但它起到的重要作用并不让人吃惊。数字在人工环境中也起着重要的作用。偶数很难处理，规律可以是平凡的，有时候元素之间的空间比元素本身更重要。一个物体的偶数总会给你一个奇数的空间，数字 1 指宇宙，数字 2 代表物体开始运动，数字 3 指物体具有复杂性，数字 4 是指在任何情况下都能营造一个封闭的群体，数字 5 代表延续的可能性，数字 7 更是如此。至于数字 8，我们在个人和群体之间达到了一个边界。如果不能对元素逐一计算，我们无法把握更大的数字。

93

Some buildings are hard to understand. What should I do?

93. 有些建筑很难理解，我该怎么办？

简答：相信你的眼睛，这座建筑可能对你来说陌生。

瑞典瓦格品德

详答：音乐和建筑是跨越时间和空间的语言，一千年前建造的充满宗教色彩的庇护所，如果没有解释，今天很少有人能理解。但是，有一种建筑除了陈旧的装饰品以外任何人都了解，它的尺寸任何时候、任何地方都一样。一个大约 12 英尺 ×12 英尺或者 3.5 米 ×3.5 米的房间可在任何家庭使用，而且可在全世界都能找到其丰富的变化。真正的杰作，无论它们多么普通，都会受到所有人的喜爱。总之，很少有建筑师轻而易举地用自己的天赋来设计他们的建筑。

94

What is an architect?

94. 什么是建筑师?

简答：一个首席建造商。

详答：或许令人惊奇的是 architect 这个词与 arch 这个词没有关系，这个词的前一部分的希腊词根如同 archbishop（大主教）的前一部分的意义一样表示"the chief（首领）"。第二部分也是 technology（技术）这个词的词根，指建造者或者木匠，在希腊语中这个词是动词。亚里斯多德写道："Architect us，guide us（创造我们，引导我们）"。Tectonic（构造的）用来描写建筑的构造（设置设计，例如，does not have）。过去，我们用"architectonic"描写建筑的艺术结构。现在"建筑师"头衔指设计计算机系统和通过谈判达成协议的人。或许现在是该谈论首席建造师领导的时候了。

95

Doesn't the answer lie in the surroundings?

95. 答案是否就在周围环境中?

简答：作为建筑师的工作成果之一，就是在任何情况下建设场地必须比以前好。

详答：新建筑应该适应周围环境的解释在 20 世纪 50 年代在米兰第一次召开的建筑论坛上提出，是一个相对较新的观念。这个观念最终深刻地影响了国际、国内政策文件，但这并不是无懈可击的。在一个地区新加建一个建筑会使周围环境变小，这是一种冒险。如果建造环境太凄凉，建筑师应该放弃。建筑师需要明白的问题是建造时需要遵照什么。罗马巴洛克时期的建筑大师在快速重建任何建筑时很少出错，他们带着想象与幻想来说服人们在古老的城市建造一个全新的建筑。在那个时期说服比仅仅听和说要难。

96

Is there a difference between a road and a street?

96. 道路和街道有区别吗?

简答：道路较快，街道较慢。

详答：我们对城市做出的决定没有比我们如何在城市通行的决定更重要了。在 20 世纪 30 年代，连接许多城市的滨水区又短又低的人行天桥被更长更高的能让汽车通行的桥所取代，这使道路位于城市中心。街道四通八达，而道路则只连接两地。因为有新建的桥和上下匝道，这使两地距离可以很远，比步行的距离远很多。由此就形成了建筑环境，没有什么比汽车对现代城市的影响更大。

97

Who decides what architecture is?

97. 谁决定了建筑是什么样?

简答：它由我们信任的、被选举出来的和有钱人决定的。

详答：如果由我们都来回答这个问题将比较好，但是事情不是这么简单。在许多情况下，最终由某人决定。市政当局有许多古文物研究者和建筑师在起草什么的地方值得保护，什么样的地段允许施工的提纲。尽管他们都是有学问的专家，但这两个团体经常陷入冲突。因为古文物研究者要捍卫历史的足迹，而建筑师想要创建造新的区域。值得欣慰的是，双方都站在公众的立场上，而建筑师的推理总是抽象的。我们现在面临的挑战是对于什么是建筑和什么能成为建筑这个问题要达成共识，这也是建筑师专业知识的精髓。

98

Wouldn't it be natural for buildings to be a little softer?

98. 建筑要柔性一点是不是更自然？

简答：扁平面也属于自然。

瑞典维瑟菲耶达

详答：仅能满足其使用目的的建筑就像蜗牛使用的蜗牛壳一样，建造这种建筑的想法如同建筑一样陈旧，但是它的正交性逻辑是正确的。这也是建筑界永远争论的重要话题。哥特式时代的建筑大师的理性思想超越了直线和直角，而 20 世纪的技术是由弧形和延伸的形式构成，它们首先在新艺术运动的浪潮中出现，随后在计算机生成的珊瑚状结构中使用。但是，尽管世界很复杂，对有机建筑的探索不会导致像波浪般翻腾的海带一样的建筑。总之，我们面临的挑战是设计一种合适的建筑形式，而不是方枘圆凿。

99

What would
a checklist of
all the desirable
qualities be like?

99. 所有的理想品质的建筑都相似吗?

简答:相互矛盾。

详答：建筑的过程充满着选择。美丽的建筑让人看不到风景，典雅而细的立面浪费了大量的精力，舒适的围合空间阻止了人们走捷径。纪念性建筑物让周围的活动空间变小。总之，难以选择。一份质量检测单永远无法帮你做出选择，只有经验能够告诉你怎么办。但是，检测单、质量控制、鉴定书总是没完没了地出现。然而只是注意保护环境是不够的，今天，所有的建筑必须保证质量，但这并不是说所有质量控制的建筑就是好的。

100

Any advice about how to make home a little nicer?

100. 如何让家变得温馨一点?

简答：试一试对比度和均匀度。

详答：让孩子房间靠近入口——因为他们是社交生活最活跃的人员。穿过房间应尽量避免，但有机会在自家附近巡回走动会让人感到很放松。操作台在洗涤池和炉灶之间至少有 3 英尺的距离会比较好。如果有机会可以用有趣的视线通过空间来布置家，这总是一个良好的品质，而且还可以让光线从不同的角度照进来。面对寒冷的早晨阳光的房间会有冷色调，而傍晚的夕阳使房间有暖色调。立面的变化给家里额外的空间感，没有什么能有一个高高的顶棚让人感觉更高贵，也没有什么能让一个房间比低矮的房间使人感觉更温馨。在一个大房间里装进一个壁龛很少感觉会错。

101

What does architecture do for us?

101. 建筑给我们带来了什么？

简答：它给我们带来了舒服、快乐、认同和陪伴。

详答：你不能让每个地方都挤满了人。在任何城市，半空的街道将永远是常见的，在任何国家，空旷甚至更明显。当你最需要建筑的时候它就在你身边，即使你在某一刻感到孤独，在建筑物内你能感受在此之前某些人来过，并想起另外一些人不久要来的承诺。这不只是关于扩大"城市"模式，而且这也超越了营造"集会处"的准则，因为建筑就是分享人类社会的舒适。

注解

这本书中的大部分思想是我们对建成环境的思考，许多都是常识性问题，一些来自拉斯穆斯·韦恩以前的著作，其他直接引用的参考资料如下：

1. 我们从童年经过少年到成年人的成长需要帮助的想法来自于弗里德里希·冯·休格尔（1852–1925）的思想，特别是他的书《宗教的神秘元素》（The Mystical element in Religion，1908）。

16. 历史的三种用途是我们从斯德哥尔摩皇家工学院约翰·马特柳斯教授那里吸取教训的。

18. 在美丽的城市中，贪婪的人物形象是阿尔瓦·阿尔托借用 Anatole France 的小说 At the Sign of the Reine Pedauque 中的内容。对此，阿尔托于 1925 年 3 月 6 日在 Jyväskylä 学生联盟主办的筹款晚会上发表的演说中首次引用，随后 Goran Schildt 在《阿尔瓦·阿尔托的话》（1997）中再次引述。

21. 艺术和建筑之间的区别是阿道夫·路斯写的笑话主题之一，最早出现于他的散文《建筑》（Architektur，1910）中。

22. 法国哲学家 Gaston Bachelard（1884–1962）是《空间的诗学》（poetics of space）（这也是他的一本书的名字）的主要倡导者。

23. 建筑师 Leonie Geisendorf 在 1963 年所做的著名演讲中谈到了吝啬和节俭的关系，这种思想于同年 12 月在瑞典的建筑评论上以标题 Om Sparsamheten 发表。

26. August Strindberg 创作的名字为 "罗马的一天" (Rome in a Day) 的短篇故事，最早发表于他的作品集《*Things Published and Unpublished*》(Tryckt och ctryckt, 1890–1891)。

30. 在建筑师和艺术家中，只有 Bruno Taut (1880–1938) 和 Poul Gernes (1925–96) 采用了与太阳有关的色彩原则。

40. 印和阒,普遍被认为是"第一个建筑师",实际上根据《古代工程师》(The Ancient engineers)的作者 Lyon Sprague de Camp 的说法，他是英国皇家建筑师 Kanofer 的儿子。

46. 18 世纪 60 年代，德国作家和评论家 Johann Christoph Gottsched 在一份日报中写道 "In Berlin heist das Ding jetzt Publukum" (在柏林观众成为公众)，1908 年爱德华·恩格尔在德国文学历史中引用了这个思想，Jurgen Habermas 将它引用于《公共领域结构转型》(The Structural Transformation of the Public Sphere, 1962) 一书。

49. Den byggda bilden av oss sjalva (我们自己的建成形象，The Built Images of Ourself, 1991) 是 Stefan Alenius 创作的散文集书名。

67. 根据美国疾病控制中心的报告，现在全世界大概有两亿人 (全球三分之一的人口) 感染了肺结核细菌。

72. 雅克·弗朗索瓦·布朗代尔 (1705–1774) 编写了建筑特点综合手册，它最开始出现在他出版了多卷的建筑学课程 (Cours d'Architecture, 1771–1777) 教学大纲中，随后 Adrian Forty 在他的那本描写详尽的图书《语言与建筑》(Words and Buildings) 中提到。

75. 最先提出 "不同寻常的普通" 的杂志是在 Vittorio Magnago Lampugnani 时期影响力巨大的名叫 Domus 的意大利杂志。

76. "大象和蝴蝶"是 E.E.Cummings 所讲的神话故事,也是 2003 年第九届阿尔瓦·阿尔托研讨会(每隔三年在阿尔瓦·阿尔托博物馆举办一次的国际建筑研讨会)会议名称。

77. 展现地方特色比追寻时尚重要是由贡纳尔·阿斯普伦德(1885–1940)提出,发表于《建筑》(1916 年 10 月)。

95. 建筑应该适应周围环境是由 Ernesto Nathan Rogers 编辑的杂志 "Casabella" 提出的。

拉斯穆斯·韦恩(Rasmus Wcern)和耶特·温高(Gert Wingårdh)是两名瑞典建筑师,他们一直致力于创建更好的建筑,拉斯穆斯用语言,温高用行动。他们其中一人经常用建筑历史作为工具来理解并解释建筑的式样,另一人从事整个瑞典的建筑设计工作。他们曾经合作出版过许多书籍,其中包括:《关键词:当代建筑的状况》(Crucial Words:Conditions for Contemporary Architecture)

拉斯穆斯·韦恩 (左) 和耶特·温高 (右)